Bibliografische Information der Deutschen Nationalbibliothek:

Die Deutsche Bibliothek verzeichnet diese Publikation in der Deutschen National-
bibliografie; detaillierte bibliografische Daten sind im Internet über http://dnb.d-
nb.de/ abrufbar.

Impressum:

Copyright © 2015 GRIN Verlag, Open Publishing GmbH
Druck und Bindung: Books on Demand GmbH, Norderstedt Germany
ISBN: 978-3-668-15367-7

Dieses Buch bei GRIN:

http://www.grin.com/de/e-book/316317/die-renaturierung-des-foehrenbaches-eine-
nutzen-kosten-analyse

Friederike Schnitter

Die Renaturierung des Föhrenbaches. Eine Nutzen-Kosten-Analyse

GRIN Verlag

RENATURIERUNG DES FÖHRENBACHES
EINE NUTZEN-KOSTEN-ANALYSE

Georg-August Universität Göttingen   M. Arg. 0049: Naturschutzökonomie
Fakultät für Agrarökonomie
Department für Agrarökonomie   Autorin: F. Schnitter
und Rurale Entwicklung   Wintersemester 2014/2015
Abgabe: 20.03.2015

INHALTSVERZEICHNIS

Das allgemeine Ziel einer guten ökologischen und chemischen Gewässerqualität für Oberflächengewässer ist nach der Verabschiedung der EU- Wasserrahmenrichtlinie (Hlug 2004) verbindlich vorgegeben. Dabei kommt der Verbesserung der in unserer heutigen Gewässerlandschaft überwiegend mangelhaften Gewässerstrukturen eine entscheidende Bedeutende zu, wenn die ökologischen Funktionsfähigkeiten der Gewässer wiederhergestellt werden soll.

Während die Gewässer der I. und II. Ordnung noch relativ gewissenhaft renaturiert werden, so werden vor allem die kleinen Fließgewässer der III. Ordnung von den Renaturierungsprozessen ausgeschlossen. Zum einen daher, dass die Gemeinden bei dieser Gewässerordnung die Renaturierung selber finanzieren müssen, zum anderen, weil die Bachläufe oder ähnliche zum teil so klein sind, dass sie in keiner Weise beachtet werden.

Die vorliegende Hausarbeit beinhaltet zwei Renaturierungskonzepte für ein Fleißgewässer der III. Ordnung. Speziell auf den Föhrenbach zugeschnitten wird sowohl ein Mininmalmaßnahmenkonzept als auch Maxialmaßnahmenkonzept vorgestellt. Beide Konzepte werden hinsichtlich ihrer Maßnahmen vorgestellt und in Bezug im Rahmen einer Nutzen-Kosten-Analyse miteinander verglichen. So kann abwogen werden, welches Maßnahmenkonzept als eher geeignet erscheint. Sowohl unter dem Aspekt der ökologischen Verbesserung und der draus resultierenden Wertsteigerung für den Bach, als auch unter dem ökonomischen Aspekt der Durchführbarkeit.

Entstanden ist diese Hausarbeit im Rahmen des Moduls M. Arg. 0049: Naturschutzökonomie unter der Leitung von Herrn Dr. J. Barkmann, im Wintersemester 2014/2015.

Das Untersuchungsgebiet *Föhrenbach* befindet sich in der des Hessischen Gemeinde Oberweser/ OT Oedelsheim, im Landkreis Kassel (Abb. 1). Der Ort Oedelsheim verzeichnet etwa 1037 Einwohner (OBERWESER 2014).

Abbildung 1: Lage des Untersuchungsgebietes (EIGENDARSTELLUNG MITTEL ArcGIS 10.1 2014).

Der Bach entspring im historischen Waldgebiet *Werderholz*, im Naturraum des *Kuppigen Sollings* (SCHLAF & SCHLAF-MEHRLEIN 2000, S. 36), etwa 2,5 km nördlich der Ortschaft Oedeslheim. Dabei passiert er zunächst ein Mischwaldgebiet, dann landwirtschaftliche Nutzflächen (zum Teil mit Streuobstwiesen) und anschließend das Siedlungsgebiet des Ortes um dann in die Weser zu münden. Auf Grund der vor Ort noch natürliche vorherrschenden morphologischen Charakteristika (s. Anhang) wird der Bachlauf dem Gewässertyp des Muldentalgewässers des Berglandes zugeordnet (NACH RASPER 2001, S. 20). Der Bach weist weiterhin folgende Größen-Charakteristika auf:

- Länge: ca. 3,5 km
- Breite: 0,5 – 1 m
- Tiefe: ca. 25 cm

Da der Föhrenbach über keinerlei wasserwirtschaftliche, ökologische oder ökonomische Nutzbarkeit verfügt und auf Grund der Größen-Charakteristika, zählt der Föhrenbach zu den Fließgewässern der III. Ordnung. Die Gewässerunterhaltungslast obliegt dabei der Gemeinde Oberweser (ACHE 2013).

Innerhalb des Waldes und der landwirtschaftlichen Flächen fließt das Gewässer oberirdisch, wird aber ab dem Siedlungsgebiet unterirdisch verrohrt in die Weser eingeleitet. Die Abbildung 2 zeigt den Verlauf des Baches:

Abbildung 2: Verlauf des Föhrenbach (EIGENDARSTELLUNG MITTELS ArcGIS 10.1 2014).

Anhand der Abbildung 2 wird ersichtlich, dass das Gewässer innerhalb des Waldgebietes über noch einen recht natürlichen Flusslauf verfügt. In Höhe der Grünflächen ist dieser jedoch schon deutlich anthropogen bedingt, begradigt wurden. Mit dem Beginn der Verrohrung weißt der Bachlauf keine natürliche Fließeigenschaften mehr auf. Begründet sind diese Veränderung des Bachbettes auf der historischen Entwicklung des Gebietes (intensive Forstwirtschaft und Holzkohleproduktion im Mittelalter). Während der Bach im Mittelalter als Wasserlieferant genutzt wurde, wurde er im Zuge der Industrialisierung und der Infrastrukturentwicklung für die Bewohner des Ortes irrelevant. Aus diesem Grund wurde der Bachlauf ab dem Jahr 1920 unterirdisch der Weser zugeführt (MEHRLEIN & MEHRLEIN-SCHLAF 2000). In der folgenden Tabelle werden die aktuellen anthropogenen Einflüsse, welche auf den Bach einwirken und die damit verbundenen Folgen dargestellt (Tab. 1). Der Abschnitt *Oberlauf und Quelle* beziehen sich auf das Gebiet des Waldstückes und der landwirtschaftlichen Nutzflächen. Der Abschnitt *Unterlauf* bezieht sich hingegen auf den Abschnitt des verrohrten Bachlaufes (ab etwa Ortsmitte). Weitere Parameter, die untersucht wurden, um die Gewässergütestrukturklasse feststellen zu können, sind dem Anhang zu entnehmen.

Abschnitt	Vorherrschende Charakteristika	Merkmale
Quelle + Oberlauf	• hohe Begradigung des Flusslaufes • Aufstauung des Baches an verschiedenen Stellen • Hoher Stoffeintrag (v. A. Nitrat → Kuhstall, Rinderweiden)	Gewässerrandstreifen wenig naturnah, Strömungsbild naturfern, Tiefenvarianz naturfern, Gewässersohle naturfern, Temperatur wenig naturnah, pH-Wert naturfern, zu hoher Ammonium bzw. Stickstoff (Kuhstall, Gülledüngung, Schafweide), BSB_5 naturfern,....
Unterlauf	• Regulierbare Wassermenge • durchgängig verdolt & begradigt → Straßenunterführung • Einleitung von NS	Kein Gewässerrandstreifen, keine Gewässersohle, keine Tiefenvarianz, viel Schadstoffeintrag (Straßenabrieb, Regenwasser), gleichmäßiges Strömungsbild,...

Durch die Begradigung, Verlegung des Bachbettes und den Verrohrungen kam es zur Vertiefung der Bachsohle und zu Ufererosionen. Vor allem die Siedlungsgebiete vor der beginnenden Verrohrung sind von dieser Problematik betroffen. Weiterhin ist das Gewässerbett des Baches dadurch gekennzeichnet, dass sich eine Vielzahl von Gehölzen in der direkten Gewässersohle angesiedelt haben. Dies hat zwar zur Folge, dass sich Organismen am Holz niederlassen und somit zur aquatischen Diversität beitragen aber auch, dass sich die Fließgeschwindigkeit in diesem Bereich weiter verringert und Sedimente sich absetzten. Es kommt zur Ausbildung von Sandbänken. Durch die Kraft des dennoch durchdringenden Wasser, wird die Uferstruktur des Baches erodiert, wodurch es zu einer Bachbettverlagerung kommt. Außerdem fehlen im Föhrenbach die typischen Strukturen eines naturnahen Baches wie Ufervegetationsvielfaltnatürliche und Strukturvielfalt des Bachbettes, sodass es sich hierbei um einen eher stark verarmten Lebensraum handelt. Weiterhin sind im gesamten Oberlauf bachbettfremde Objekte anzufinden (unbenutzte Geschiebesammler, Staumauern, Dachziegel, Betonreste, Bauziegel etc.).

Durch die an den Bach angrenzen Grünflächen/landwirtschaftlichen Nutzflächen kommt es sowohl orographisch rechts, als auch orographisch links zu hohen direkten bzw. indirekten Nährstoffeinträge (näheres siehe Minimalkonzept). Durch die hohe Nährstoffbelastung im Oberlauf des Föhrenbaches sind der Uferbereich und das Bachteil als sehr artenarm einzustufen.

Auf Grund der vorherrschenden Charakteristika (Tab. 1 und Anlage) lässt ist der Föhrenbach in die Gewässerstrukturklasse III am Oberlauf und IV am Unterlauf nach BORCHARDT & SCHMIDT (1997) einzustufen. Die Abbildung 3 zeigt eine Auswahl der in der Tabelle 1 genannten anthropogenen Faktoren/Bauten, die auf den Bachlauf einwirken.

Abbildung 3: Anthropogene Veränderungen am Föhrenbach, Auszug (EIGENDARSTELLUNG MITTELS ARCGIS 10.1 2014).

GESETZLICHER RAHMEN

Laut der Europäischen Wasserrahmenrichtlinie waren die Länder bis zum Beginn des Jahres 2015 verpflichtet, die Qualität der Fließgewässer auf einen guten ökologischen Zustand zu bringen. Des Weiteren heißt es (ART. 4 I A IV II EG-WRRL 2000): *„Wasser ist keine übliche Handelsware, sondern ein ererbtes Gut, das geschützt, verteidigt und entsprechend behandelt werden muss. (...) Mitgliedstaaten schützen, verbessern und sanieren alle Oberflächenwasserkörper soweit, bis diese mindestens einen guten ökologischen*

Zustand aufweisen.“ Im Wasserhaushaltsgesetzes der Bundesrepublik heißt es diesbezüglich weiterhin: *„Die Gewässer sind als Bestandteil des Natur-haushalts und als Lebensraum für Tiere und Pflanzen zu sichern. Sie sind so zu bewirtschaften, dass sie dem Wohl der Allgemeinheit und im Einklang mit ihm auch dem Nutzen Einzelner dienen, vermeidbare Beeinträchtigungen ihrer ökologischen Funktionen (...) unterbleiben und damit insgesamt eine nachhaltige Entwicklung gewährleistet wird.“* (§ 1 A I WHG 2002).

Anhand dieser gesetzlichen Regelungen wird deutlich, dass das Land Hessen dazu verpflichtet ist, die Sanierung des Föhrenbaches vorzunehmen – so lange, bis dieser einen *guten ökologischen Zustand* aufweist. Aufgrund der geringen Größe des Föhrenbachen kann es jedoch sein, dass dieser innerhalb der Qualitäts-Bestandsaufnahmen der Oberflächengewässer nicht betrachtet wurden ist. Auch kann nicht davon ausgegangen werden, dass eine Renaturierung bzw. Sanierung des Föhrenbaches seitens der Gemeinde veranlasst werden wird.

Generell sind Fließgewässer der III. Ordnung jedoch nicht von den gesetzlichen Regelungen ausgeschlossen (ACHE 2013).

RENATURIERUNG

Da bis dato keine Renaturierung des Föhrenbaches betrieben wurde, dienen die folgenden zwei Konzepte als Anregung. Mit beiden Konzepten kann eine deutliche Verbesserung der Gewässerqualität erzielt werden.

Der Bachlauf kann anhand der vorherrschenden Eigenschaften nicht mehr an allen Abschnitten eindeutig dem Gewässertyp des Muldentalgewässers des Berglandes zugeordnet werden. Ziel der Renaturierung ist es aber, dem Referenzgewässer dieses Gewässertyps (Schlochterbach) zu entsprechen und die Wasserqualität einhergehend zu verbessern.

Bezüglich der morphologischen/physikalischen Charakteristika des Bachlaufes gelten folgende Parameter als zu erfüllen (Tab. 2).

Tabelle 2: Morphologische Charaktristika eine Muldentalgewässers des Berglandes (Rasper 2001, S. 57).

	Nr.	Parameter	Ausprägung
1 Laufentwicklung			
	1.1	Laufkrümmung	mäandrierend
	1.2	Krümmungserosion	vereinzelt schwach
	1.3	Längsbänke	viele Längsbänke
	1.4	Besondere Laufstrukturen	viele Strukturen

2	Längsprofil		
	2.4	Querbänke	viele Querbänke
	2.5	Strömungsdiversität	sehr groß
	2.6	Tiefenvarianz	sehr groß
3	Querprofil		
	3.1	Profiltyp	Naturprofil
	3.2	Profiltiefe	tief*
	3.3	Breitenerosion	schwach
	3.4	Breitenvarianz	mäßig
4	Sohlenstruktur		
	4.1	Sohlensubstrat	> 50 % Kies und Schotter
	4.3	Substratdiversität	sehr groß
	4.4	Besondere Sohlenstrukturen	viele Strukturen
5	Uferstruktur		
	5.1	Uferbewuchs links	> 50 % bodenständiger Wald
		Uferbewuchs rechts	> 50 % bodenständiger Wald
	5.4	Besondere Uferstrukturen	viele Strukturen
6	Gewässerumfeld		
	6.1	Flächennutzung links	> 50 % bodenständiger Wald
		Flächennutzung rechts	> 50 % bodenständiger Wald
	6.2	Gewässerrandstreifen links	> 50 % flächenhaft Wald
		Gewässerrandstreifen rechts	> 50 % flächenhaft Wald

* = Abweichung vom Leitbild (s. Kap. 5)

Um insbesondere die Strukturvielfalt im Gewässer zu erhöhen, wird eine möglichst naturnahe Gestaltung des Bachlaufes mit einer leichten Mäandrierung zur Verminderung der gefällebedingten hohen Fließgeschwindigkeit und zur Verlängerung der Fließstrecke angestrebt. Weiterhin steht die Sicherung des Uferbereiches im Augenmerk. Das naturschutzfachliche motivierte Hauptziel dieser Renaturierungsmaßnahme ist die Schaffung neuer Teillebensräume für Pflanzen- und Tierarten der Feuchtgebiete. Die Verbindung von Gewässerbettrenaturierung und Erhöhung der Strukturvielfalt durch die Anlage von Hecken und Feldgehölzen begünstigen dieses Vorhaben (LANDSCHAFTSPFLEGEVERBAND FREISING 2011, ARNOLD ET AL. 2009).

Die durchschnittlichen Wirkungsbandbreiten der Renaturierungsansätze sind dabei für den kurz- bis mittelfristigen Betrachtungszeitraum (1 – 20 Jahre) ausgelegt. In Abbildung vier sind die einzelnen Wirkungsbreiten der jeweiligen Teilmaßnahmen aufgezeigt.

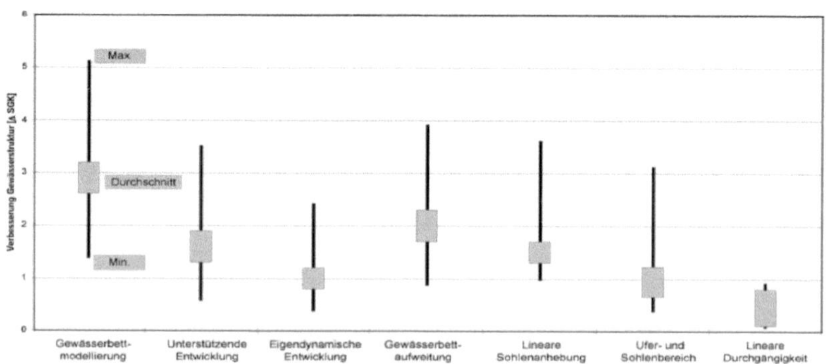

Abbildung 4: Durchschnittliche Wirkungsbandbreiten der Renaturierungsansätze für den kurz- bis mittelfristigen Betrachtungszeitraum (HILLENBRAND & LIEBERT 2001, S. 51).

Bei der Entwicklung der beiden Konzepte wurden die folgenden Renaturierungsgrundsätze beachtet (HILLENBRAND & LIEBERT 2001, S. 2).:

- ein ganzheitlicher Ansatz gewählt wird
- die Eigendynamik des Gewässers unter Einbezug der Gewässerrandstreifen soweit wie möglich genutzt wird
- Maßnahmen, die gleichzeitig Verbesserungen in verschiedenen Problemfeldern bewirken, vorrangig umgesetzt werden und
- dass entsprechend dem ökologischen Minimum übergeordnete Defizite zuerst zu beheben sind.

Neben der Verbesserung der Gewässerqualität soll zudem erreicht werden, dass sich die Bevölkerung mit dem Bach wieder intensiver Identifiziert. Dies

Regulierungsleistungen	
Klimaregulierung	Quelle und Senke für Treibhausgase, Meeresgewässer sind wesentlicher Teil der globalen Wärmespeicher- und Transportmechanismen (Meeresströmungen), vor allem die Meere sind Quelle der atmosphärischen Feuchtigkeit, die über die Verdunstungswärme enorme Mengen von Energie global verfrachten (gilt im Übrigen aber auch auf regionaler und lokaler Ebene für Binnengewässer und Feuchtgebiete), damit beeinflussen die Gewässer und Feuchtgebiete Temperatur, Niederschlag und andere klimatische Prozesse in allen geographischen Dimensionen (global…lokal)
Wassererneuerung (hydrologischer Kreislauf)	Grundwasserneubildung, Abflussprozess
Minderung von Naturgefahren	Hochwasserschutz, (schadlose) Hochwasserabführung in Flüssen und Auen, Sturmsicherung
Selbstreinigung des Wassers	Speicherung, Wiederherstellung und Entfernung überschüssiger Nährstoffe und andere Schadstoffe durch mechanische, chemische und biologische/biochemische Prozesse
Minderung von Erosionsfolgen	Retention von Böden und Sedimenten
Bestäubung	Lebensraum für Bestäuber (Feuchtgebiete)
Kulturelle Leistungen	
Landschafts- und Gewässerbild	Schönheit oder ästhetischer Wert, Erholung, Tourismus, kultureller Wert

Abbildung 5: Durch die Renaturierung erwartete Ökosystemdienstleistungen (verändert nach HANSJÜRGENS & HEKLE 2012, S. 33).

kann dadurch geschehen, dass man die Anlieger bzw. die Bewohner mit in die Renaturierung mit einbezieht (vor allem beim Minimalkonzept geeignet). Neben der Identifizierung mit dem Gewässer ist es aber auch denkbar die folgenden Ökosystemdienstleistungen durch die Renaturierung des Föhrenbaches zu verbessern (Abb. 5).

Die genannten Renaturierungsziele werden in Abhängigkeit von dem jeweilig gewählten Renaturierungskonzept erfüllt und wirken sich demnach entsprechend unterschiedlich auf die erwarteten Ökosystemdienstleistungsveränderungen aus.

Das Konzept der Minimalveränderung sieht vor, dass die Gewässergüte des Föhrenbaches mittels minimalen Aufwandes und unter den geringsten Kosten deutlich verbessert wird. Angewandt wird Renaturierungskonzept auf den Oberlauf des Baches (bis zum Beginn der Verrohrung). Der Unterlauf bleit unbeachtet. Hauptsächlich geht es innerhalb des Minimalkonzeptes darum, die sich im Bachbett befindlichen bachfremden Objekte zu entfernen. Durch das Entfernen dieser, ist es Annehmbar, dass die Fließgeschwindigkeit des Baches deutlich zunehmen wird. Daraus folgt, dass sich weniger Sediment innerhalb des Gewässerbettes ablagert.

Des weiteren wird eine höhere Wasserdurchmischung erreicht, die den Saustoffgehalt im Wasser deutlich verbessern wird (BOSCHL ET AL. 2003). Weiterhin hätte das Entfernen der Staugebilde und der damit einhergehenden größeren Fließgeschwindigkeit zur Folge, dass der Bachlauf aufgrund der natürlichen Kraft des Wasser neue Mäander ausbilden würde (NABU 2014). Es kann aber nicht davon ausgegangen werden, dass auf Grund der größeren Transportkräfte vermehr großes Geschiebe bachabwärts transportiert werden wird, da im Oberlauf kaum Gehölze, größere Steine oder anderes größeres Geschiebe vorzufinden ist. Sollte jedoch einmal unverhofft großes Geschiebe transportiert werden, so wird dies am großen Geschiebesammler an der beginnenden Verrohrung abgefangen (s. Abb. 3). Eine weitere Maßnahme zur Verbesserung der Gewässerqualität stellt das belassen von Totholz am Gewässerrand dar. Da jedoch kaum Totholz am Gewässer anzufinden ist, kann die Installation von Totholz als Initialmaßnahme angesehen werden. Es können Baumstämme oder auch Wurzelteller hierfür benutzt werden. Meist werden diese Bereiche sofort nach dem Einbringen in das Gewässer als neuer Lebensraum angenommen (Krolo 2012; LEHR 2011). Um den hohen Ammoniak-und Nitratgehalt im Wasser zu minimieren währe es denkbar, dass man die das die Schafs- und Rinderweiden (orographisch links des Baches) nicht mehr bis in den Bachlauf hinein verlagert. Es wäre durchaus Möglich, dass ein Abstand von circa 15 Metern zum Gewässerbett errichtet wird. Auch könnte man das Düngen der Grünflächen (Ausbringen von Stallmist; orographisch rechts des Baches) einschränken und ebenso einen Mindestdüngeabstand von 15 m zum Gewässerbett einrichten.

Dadurch, dass die Grünflächen nicht wirtschaftlich genutzt werden, sondern nur als Heulieferant für die Schafe dienen (Zufutter), hätte hier eine Verminderung der Düngemenge kaum messbare Auswirkungen auf den Heuertrag. Einhergehend mit diesen Mindestabständen könnte gleich ein Entwicklung/Errichtung eines Gewässerrandstreifens betrieben werden. Es würde dadurch der Erforderliche Platz für natürliche Auskolkungen und Veränderungen innerhalb der Längsentwicklung garantiert werden. Auch würde dieser Gewässerrandstreifen eine bedeutsame Funktion für denn die Gewässerentwicklung, die Gewässerstruktur, die Abstand- Puffer- und Filterwirkung sowie für den Stoff- und Energiehaushalt darstellen (ROWINSKY ET AL. 2006; RASPER 2001; OTTO 1996). Alles in Allem würden die genannten Minimalveränderungen folgende positive Veränderungen mit sich bringen:

- mäandrierender Oberlauf,
- vielseitiges Naturprofil,
- Ansammlung von natürlichen Sohlensubstraten aus Schotter/Kies,
- Totholzansammlungen,
- Verbesserte Strömungsdiversität,
- Verbesserte Aquatische Fauna/Flora (Bsp.: Ansiedlung von Wasserassel und Laichkraut).

Da die Verunreinigung und Stoffeinträge aufgrund der Beweidung der Grünflächen durch Schafe und Rinder und der Intensivdüngung weiterhin bestehen würde, können die Stoffeinträge nur um einen geringen Faktor minimiert werden. Nichts desto Trotz können die genannten Maßnahmen zu einer deutlichen Verbesserung der Fließgewässerqualität beitragen.

Da die Renaturierungsmaßnahmen nicht behördlich angeordnet sind, sondern eher im Rahmen der Ehrenamtlichen Arbeit durchgeführt werden können, wäre es im Interesse der Gemeinde, die Kosten für die Renaturierung/Sanierung so gering wie möglich zu halten. Es währe durch aus denkbar, dass der Junggesellenverein Oedelsheim die Sanierung am Oberlauf ehrenamtlich durchführt. Dadurch entstünden keinerlei Personalkosten (ACHE 2013). Auch würden dadurch die Materialanschaffungskosten sehr gering gehalten, da die benötigten Utensilien meist vorhanden sind bzw. kostenfrei zum Projekt von den Teilnehmern zugesteuert werden.

Durch die vorgestellten Veränderungen kann am Oberlauf des Baches eine Gewässergüteklasse von II/III erreicht werden. Die Gesetzlichen Anforderungen währen mit diesem Konzept jedoch nicht erfüllt, da das gesamte Gewässer einen guten ökologischen Zustand aufweisen muss und nicht nur Teilabschnitte (EG-WRRL 2000).

MAXIMALVERÄNDERUNG – KONZEPT

Das Konzept der Maximalveränderung beeinhaltet sowohl die Renaturierung am Oberlauf, als auch im Unterlauf des Baches. Zu den in dem *Minimalverädernungskonzept* angeführten Maßnahmen kommen nun gezielte Maßnahmen, die einen zum Teil großen baulichen und auch finanziellen Aufwand aufweisen. Das Prinzip des Minimalaufwandes und der Kostengeringhaltung steht nun nicht mehr im Vordergrund der Sanierungsmaßnahmen. Aus diesem Grund sind die Maßnahmen bezüglich der Renaturierung deutlich komplexer.

Die zusätzlichen Maßnahmen lauten wie folgt (nach LANDSCHAFTSPFLEGEVERBAND FREISING 2011):

- Entfernung der Verdolung → ggf. Vertunnelung mit natürlichem Bachbett
- Nitrateintrag auf ein Minimum verringern
- Grünflächen nicht mehr Düngen
- Sicherung des Bachufers, sowohl am Ober- als auch am Unterlauf; Ansaat und Anpflanzung von Erlen, Weiden oder Eschen
- Sicherung und Anhebung der Sohle mit Hilfe von Grundschwellen
- Wiederherstellung des natürlichen Bachlaufes mit Schlingen, sowie Prall- und Gleithang
- Biotopvernetzung durch Anbindung an die vorherrschenden Streuobstwiese.

Um den Unterlauf des Föhrenbaches zu Renaturieren muss vor allem die vorhandene Verdolung des Baches beseitigt werden. Dies ist mit einem enormen Aufwand verbunden, da der Bach im Siedlungsgebiet und unter den Straßen als Regenentwässerung fungiert. Dieses System entwässert direkt in die Weser. Aus diesem Grund ist die Entfernung des Rohrsystems und eine damit verbundene Freilegung des Föhrenbaches, nicht möglich.

Vorstellbar wäre es, wenn man den Föhrenbach an den Stellen an denen es möglich ist freilegt. Zum Beispiel dort, wo der Regenwasser/Bachkanal unterirdisch verläuft, aber durchaus auch oberirdisch verlaufen könnte - in Gärten oder Freiflächen. Das Bachbett könnte mit Sohlensubstraten wie z.B. Schotter, Kies, Löss/Lehm oder auch Sand bzw. Schlamm naturnah gestaltet werden. Vor allem eine hohe Substratdiversität ist von Vorteil. Dabei sollte die Sohlendynamik jedoch stabil sein, um Hochwässern entgegen zu wirken (RASPER 2001). Weiterhin könnte der freigelegte Bachlauf mäandrierend bzw. geschwungen ausgebildet werden. Wichtig bei der Gestaltung des Querprofiles ist es, dass es vielseitig ist – sowohl Prall- als auch Gleitstufen aufweist. Hierdurch wird die natürliche Strömungsgeschwindigkeit bzw. –Intensität natürlich reguliert werden. Als Uferstruktur bzw. Uferbewuchs wären Gehölze des angrenzenden bodenständigen Waldes zu wählen (Krolo 2012; RASPER 2001). Sind die genannten Parameter weitestgehend erfüllt, so kann der Bachlauf im freigelegten Unterlauf als relativ natürlich angesehen werden. Weiterhin würde er würde den Anforderungen für ein Muldentalgewässer des Berglandes entsprechen (vgl. Tab. 2). Ein weiterer Faktor der im Rahmen der Maximalveränderung verändert werden würde, ist der, dass die an den Bach angrenzenden Grün-/Weideflächen nicht mehr gedüngt werden. Der Nitrat- und Ammoniakeintrag könnte somit auf ein Minimales verringert werden. Vollständig zu beseitigen ist dieser jedoch nicht, da die Schafe und Rinder weiterhin dort weiden würden. Wenn jedoch eine Beweidungsgrenze von circa 20 m zum Bachlauf errichtet werden würde, so kann der Eintrag der Stoffe in den Bach um ein Vielfachen minimiert werden (LEHR 2011, ARNOLD ET AL. 2009).

Weiterhin kann darauf geachtet werden, dass die Bachanrainer-Grundstücke eine Gewässersicherung betreiben und die Uferhänge naturnah gestalten, bzw. nur Wasser bezüglich der Gartenbewässerung entnehmen und kein verschmutztes Wasser in den Bach einleiten. Des Weiteren wäre eine Maßnahme, dass der Stauteich im Siedlungsgebiet entfernt wird. Der verminderten Fließgeschwindigkeit würde somit entgegen gewirkt werden (BOSCHL ET AL. 2003). Ursprünglich wurde der Teich errichtet um die Wasserzufuhr für die Verdolung bzw. Entwässerung in die Weser zu regulieren und Hochwasserereignissen entgegen zu wirken. Da der Bach aber von Natur aus nicht soviel Wasser führt, dass eine vollkommende Auslastung bzw. Überlastung des Entwässerungssystems zu befürchten ist, kann der Stauteich mit seiner Regulierungsfunktion entfernt werden. Es würde sich eine naturnahe und gefällebedingte Fließgeschwindigkeit und Abflussmenge einstellen. Auch würde sich die Dynamik innerhalb des Bachwassers verbessern. So würde z.B. Algen reduziert und andere Wasserpflanzen ausgebildet werden (ROWINSKY E. AL 2006, ARNOLD ET AL. 2009). Der Föhrenbach führt lediglich beim Einsetzen der Schneeschmelze Hochwassern (MEHRLEIN & MEHRLEIN-SCHLAF 2000). Aufgrund der erhöhten Bachufereinfassungen im Siedlungsgebiet tritt der Bach bei Hochwasserereignissen aber nicht über die Ufer – stellt somit auch keine Gefahr für die angrenzenden Grundstücke und Häuser dar. Der Stauteich kann somit ohne Befürchtung vom Bachsystem entfernt werden.

Alles in Allem würden die genannten Maximalmaßnahmen folgende positive Veränderungen mit sich bringen:

- mäandrierender Ober- und Unterlauf,
- vielseitiges Naturprofil,
- Gewässerbett mit Prall- und Gleitufern
- Ansammlung von natürlichen Sohlensubstraten aus Schotter/Kies,
- Totholzansammlungen,
- große Strömungsdiversität,
- Verbesserte Aquatische Fauna/Flora (Bsp.: Ansiedlung von Quellschnecke und Rauhe Armleuchteralge),
- ideale Sauerstoffversorgung,
- Biotopvernetzung.

Durch die vorgestellten Veränderungen kann am Oberlauf, sowie an Teilabschnitten des Unterlaufes eine Gewässergüteklasse von II erreicht werden. Die Gesetzlichen Anforderungen währen mit diesem Konzept jedoch auch nicht erfüllt, da das gesamte Gewässer einen guten ökologischen Zustand aufweisen muss und nicht nur Teilabschnitte (EG-WRRL 2000). Um diese gesetzliche Vorgabe zu erfüllen, müsste der gesamte verrohrte Bachunterlaub freigelegt oder gar verlegt werden. Dies hätte eine Umstrukturierung der Infrastruktur zur Folge. Diese Maßnahme würde aber einen finanziellen Aufwand verursachen, der in keiner Relation zu dem ökologischen Mehrgewinn durch die Renaturierung steht. Um die Durchführbarkeit des Maximalkonzeptes dennoch gewährleisten zu können, wurde sich dafür entschieden, dass nur Teilabschnitte des unteren Bachlaufes renaturiert werden.

NUTZEN-KOSTEN-ANALYSE

Die Nutzen-Kosten-Analyse (NKA) soll als Entscheidungsheilfe bei der Auswahl zwischen den beiden unterschiedlichen Renaturierungskonzepten dienen (BRÄUER 2002, S. 58). Nach MARGGRAF & STREB (1997) besteht jede NKA aus den drei folgenden Hauptschritten:

- Identifizierung aller für die Bevölkerung relevanten Folgen des Projektes.
- Bestimmung der mit den Folgen verbundenen volkswirtschaftlichen Nutzen und Kosten der Maßnahme.
- Aggregation der jeweiligen Nutzen und Kosten zur Beurteilung der Handlung.

Im Nachfolgenden wird dargelegt, welche Kosten bezüglich des jeweiligen Renaturierungskonzeptes zu erwarten sind. Dabei wird sich vorwiegend auf bereits vorhandene Renaturierungkosten ähnlicher Gewässertypen gestützt. Als Betrachtungszeitraum für die Renaturierung sind dabei der kurzfristige (1 a) und der mittelfristige Zeitraum (20 a) gewählt worden.

Um die NKA realistisch berechnen zu können, bedarf es der Erhebung des monetären Mehrwertes des Föhrenbaches gegenüber den Einwohnern/Anwohnern. Aus diesem Grund wurde eine Zahlungsbereitschaftserhebung durchgeführt (s. Anlage). Auch haben die Renaturierungsmaßnahmen Auswirkungen bezüglich der ökonomischen Bewertung des Baches – in Zusammenhang mit den Ökosystemdienstleistungen. Da es sich beim Föhrenbach um einen sehr kleinen Bachlauf handelt, der weder touristisch bekannt noch jegliche andere Bedeutung für die Allgemeinheit aufweist, wird die Wertsteigerung vor allem in Bezug auf den Erholungswert/Kulturwert der einheimischen Bevölkerung zurück geführt.

Im nachfolgenden wird auf die Kosten der einzelnen Konzepte eingegangen.

<u>**MINIMALVERÄNDERUNG – KONZEPT**</u>

RENATURIERUNGSKOSTEN

KRÄMER (2005) gibt für eine Bach mit ähnlichen Charakteristika und mit ähnlichem Minimalaufwand Renaturierungskosten in Höhe von 6.057.994 € an. Diese Summe bezieht sich auf einen Zeitraum von 20 Jahren, bei einer Bachlänge von 37,62 km. Um die Renturierungskosten für den Föhrenbach anhand der Angabe von Krämer (2005) berechnen zu können, wurde zunächst die Renaturierungskosten pro Meter berechnet.

<u>Renaturierungskosten Referenzbach – 20 Jahre:</u>

6.057.994 €/20 a : 37.620 m = 161,03 €/m/20 a

Die Kosten für ein Jahr betragen demnach:

<u>Renaturierungskosten Referenzbach – 1 Jahr:</u>

161,05 €/m/20 a : 20 a = 8,05 €/m/a

Bezogen auf den Föhrenbach (3500 m) ergibt sich daraus folgendes:

<u>Renaturierungskosten Föhrenbach – 20 Jahre:</u>

161,05 €/m/20 a x 3500 m = 563.675 €/20 a

<u>Renaturierungskosten Föhrenbach – 1 Jahr:</u>

8,05 €/m/a x 3500 m = 28.175 €/a

FÖHRENBACH – WERT

Der monetäre Wert des Föhrenbaches für die Einwohner (1037) der Ortschaft, wurde mittels einer Zahlungsbereitschaftserhebung ermittelt (s. Anlage).

Dabei konnte der folgende Wert ermittelt werden:

<u>Monetärer Wert Föhrenbach:</u>

Mittelwert: 3,34 €/a; n = 48

3,34 €/a x 1037 Einwohner = 3463,58 €/a → : 3500m = 0,99 €/m/a

3463,58 €/a x 20 a = 69271,6 €/20 a → : 3500 m = 19,79 €/m/20 a

FÖHRENBACH – WERT DER ÖKOSYSTEMDIENSTLEITUNG

COLLINS ET AL. (2005) nehmen für einen anthropogen veränderten Fluss (freizeitlich genutzt) folgende Wertsteigerung an, sofern dieser weitestgehend wieder naturnah gestaltet wird: 155 $/a (145,24 €/a). Um die Wertsteigerung von einem Gewässer der I. Ordnung auf ein Gewässer der III. Ordnung beziehen zu können, empfiehlt (ACHE 2013) einen Abzug von 60 (hohe Steigerung) - 75% (geringe Steigerung).

Wertsteigerung nach COLLINS ET AL. (2005) für Föhrenbach:

145,24 €/a - 70% = 43,57 €/a

HANLEY ET AL. (2006) haben in ihrer Studie (Gewässer II. Ordnung, kaum genutzt) eine folgender Wertsteigerung ermitteln können:

Wertsteigerung nach HANLEY ET AL. (2006) für Föhrenbach:

17,83 €/a

SCHMITZ (2008) hat im Rahmen seiner Studie in Dillenburg und Giessen (Fließgewässer III. Ordnung, geringe Identifikation mit dem Gewässer)eine Wertsteigerung von 77 €/Haushalt ermitteln können. Ausgehend von einer durchschnittlichen Haushaltgröße von 2,02 Personen (MIKROZENSUS 2011) ergibt sich für den Fährenbach folgendes:

Wertsteigerung nach SCHMITZ (2008) für Föhrenbach:

77 €/a : 2,02 = 38,11 €/a

Bildet man nun den Durschnitt aus diesen Zahlen, so ergibt sich eine realistische durchschnittliche Wertsteigerung für den Föhrenbach von:

Durchschnittliche Wertsteigerung für Föhrenbach:

33,17 €/a p.P.

KOSTENÜBERSICHT

Tabelle 3: Kostenübersicht der Minimalrenaturierung (Eigenerstellung 2015).

Parameter	Minimalveränderung	
	20 a	1 a
Renaturierungskosten (NACH KRÄMER 2005)	563.675 €	28.175 €
Föhrenbach - Wert	19,79 €	0,99 €

Föhrenbach – Wert der Ökosystemdienstleitung (NACH COLLINS ET AL. 2005; HANLEY ET AL. 2008; SCHMITZ 2008)	663,40 €/20 a	33,17 €/a

MAXIMALVERÄNDERUNG – KONZEPT

RENATURIERUNGSKOSTEN

Krämer (2005) gibt für eine Bach (37,62 km) mit ähnlichen Charakteristiken und mit ähnlichem Maximalaufwand folgendes an:

Entfernen der Verrohrung an Teilabschnitten / Bachbettschaffung - Referenzbach:

240,75 €/m/20 a

Bachlaufrückbau - Referenzbach:

146,44 €/m/20 a

Schaffung eines natürlichen Bachlaufes - Referenzbach:

146,66 €/m/20 a

Bezogen auf den Föhrenbach ergeben sich daraus folgende Kosten:

Entfernen der Verrohrung an Teilabschnitten / Bachbettschaffung - Föhrenbach:

240,75 €/20 a x 972 m = 234.009 €/20 a

Bachlaufrückbau - Föhrenbach:

146,44 €/20 a x 2528 m = 370.200 €/20 a

Schaffung eines natürlichen Bachlaufes - Föhrenbach:

146,44 €/20 a x 972 + 30% = 185.041 €/20 a

(Schaffung eines „natürlichen Bachbettes" in noch bestehendem unterirdischen Bachlauf (Vertunnelung) +30%)

Anhand dieser Kostenauflistung, ergeben sich für den Föhrenbach folgende Gesamtrenaturierungskosten:

Gesamtkosten – Renaturierung Föhrenbach – 20 a:

234.009 €/20 a + 370.200 €/20 a + 185.041 €/20 a = 789.250 €/20 a

Gesamtkosten – Renaturierung Föhrenbach –1 a:

789.250 €/20 a : 20 a = 39.912,50 €/a

FÖHRENBACH – WERT

Der monetäre Wert des Föhrenbaches für die Einwohner (1037) der Ortschaft, wurde mittels einer Zahlungsbereitschaftserhebung ermittelt (s. Anlage).

Dabei konnte der folgende Wert ermittelt werden:

Monetärer Wert Föhrenbach:

Mittelwert: 5,26 €/a; n = 48

5,26 €/a x 1037 Einwohner = 5454,62 €/a → : 3500m = 1,56 €/m/a

5454,62 €/a x 20 a = 109.092,4 €/20 a → : 3500 m = 31,17 €/m/20 a

FÖHRENBACH – WERT DER ÖKOSYSTEMDIENSTLEITUNG

COLLINS ET AL. (2005) nehmen für einen anthropogen veränderten Fluss (freizeitlich genutzt) folgende Wertsteigerung an, sofern dieser weitestgehend wieder naturnah gestaltet wird: 155 $/a (145,24 €/a). Um die Wertsteigerung von einem Gewässer der I. Ordnung auf ein Gewässer der III. Ordnung beziehen zu können, empfiehlt (ACHE 2013) einen Abzug von 60 (hohe Steigerung) - 75% (geringe Steigerung).

Wertsteigerung nach COLLINS ET AL. (2005) für Föhrenbach:

145,24 €/a - 70% = 58,10 €/a

HANLEY ET AL. (2006) haben in ihrer Studie (Gewässer II. Ordnung, kaum genutzt) eine folgender Wertsteigerung ermitteln können:

Wertsteigerung nach HANLEY ET AL. (2006) für Föhrenbach:

19,54 €/a

SCHMITZ (2008) hat im Rahmen seiner Studie in Dillenburg und Giessen (Fließgewässer III. Ordnung, geringe Identifikation mit dem Gewässer)eine Wertsteigerung von 181 €/Haushalt ermitteln können. Ausgehend von einer durchschnittlichen Haushaltgröße von 2,02 Personen (MIKROZENSUS 2011) ergibt sich für den Fährenbach folgendes:

Wertsteigerung nach SCHMITZ (2008) für Föhrenbach:

181 €/a : 2,02 = 89,60 €/a

Bildet man nun den Durschnitt aus diesen Zahlen, so ergibt sich eine realistische durchschnittliche Wertsteigerung für den Föhrenbach von:

Durchschnittliche Wertsteigerung für Föhrenbach:

55,75 €/a p.P.

KOSTENÜBERSICHT

Tabelle 4: Kostenübersicht der Maximalrenaturierung (Eigenerstellung 2015).

Parameter	Maximalveränderung	
	20 a	1 a
Renaturierungskosten	789.250 €	39.912,5 €
Föhrenbach - Wert	31,17 €	1,56 €
Föhrenbach – Wert der Ökosystemdienstleitung	663,40 €	55,75 €

KOSTEN - ZUSAMMENFASSUNG

Tabelle 5: Kostenübersicht der Minimal- und Maximalveränderungen (Eigenerstellung 2015).

Parameter	Minimalveränderung		Maximalveränderung	
	20 a	1 a	20 a	1 a
Renaturierungskosten	563.675 €	28.175 €	789.250 €	39.912,5 €
Föhrenbach - Wert	19,79 €	0,99 €	31,17 €	1,56 €
Föhrenbach – Wert der Ökosystemdienstleitung	663,40 €	33,17 €	1115,00 €	55,75 €

NUTZEN-KOSTEN-ANALYSE

Tabelle 6: Wertgegenüberstellung und Ergebnisse (Eigenerstellung 2015).

Parameter	Minimalveränderung		Maximalveränderung	
	20 a	1 a	20 a	1 a
Renaturierungskosten	563.675 €	28.175 €	789.250 €	39.912,5 €
Föhrenbach - Wert	19,79 €	0,99 €	31,17 €	1,56 €
Föhrenbach – Wert der Ökosystemdienstleitung	663,40 €	33,17 €	1115,00 €	55,75 €
Gesamter Bach	564.358,19 €	28.217,91 €	790.396,17 €	39.519,81 €
Pro Meter	161,25 €	8,06 €	225,83 €	11,29 €

Vergleicht man die beiden Konzepte hinsichtlich der Kosten, so wird ersichtlich, dass das Maximalkonzept um 29% teurer als Minimalkonzept ist. Zwar verzeichnet das Maximalkonzept deutlich bessere Erfolge, doch muss auch hierbei auch bedacht werden, dass das Konzept das deutlich aufwendigere ist. Die Idee die Vorrohrung des Baches an den Stellen zu beseitigen, an denen es möglich ist, gestaltet sich eher schwierig, da die jeweiligen Grundstückseigentümer einen Flächenverlust zu verzeichnen hätten. Auch ist der Aufwand, die Verrohrung durch eine Vertunnelung zu ersetzten nicht empfehlenswert, da hier ein Großteil der Straßenbelege aufgebrochen werden muss. Gleichzeitig müsste man eine neue Regenentwässerung des Ortes planen und bauen. Auch ist es schwer vorstellbar, die Düngung auf den bachangrenzenden Grünflächen nicht mehr durchzuführen bzw. die Weidemöglichkeiten für das Vieh einzuschränken. Auch muss bedacht werden, dass wenn die Maximalveränderung durchgeführt werden sollte, dass Gewässer dennoch nicht den Anforderungen der EG-WRRL entspricht. Demzufolge steht der ökonomische Aufwand der Maximalmaßnahme nicht in Relation zum eigentlichen ökologischen Gewinn. Dieser ist viel geringer.

Aufgrund der schweren Durchführbarkeit und des höheren finanziellen Aufwandes ist im Allgemeinen von der Durchführung der Maximalrenaturierung abzuraten. Es ist vorteilhafter für die Gemeinde die Minimalmaßnahme zu wählen. Durch diese Maßnahme kann, mit einem deutlich geringerem Aufwand, eine relativ gute ökologische Qualität am Oberlauf erzeugt werden. Diese Veränderung würde sich auch Bachabwärts weiter bemerkt machen. Es profitieren von der Minimalmaßnahme als sowohl der Oberlauf, als auch den Unterlauf.

Auch können die Kosten auf ein drastisches Minimiert werden, in dem man auf gemeinnützige Arbeit innerhalb der Dorfbewohner zurückgreifen würde. Dies hätte weiterhin zur Folge, dass sich die Bewohner intensiver mit dem Bach auseinander setzen würden. Sollte es dennoch nötig sein, dass die Maßnahme finanziert werden muss, so ist es realistischer, dass die Gemeinde die geringeren Kosten, im Gegensatz zur Maximalmaßnahme, eher aufbringen und dadurch die Renaturierung durchführen kann.

FAZIT

Durch das Durchführen von Renaturierungsmaßnahmen kann die Gewässerqualität des Föhrenbaches um ein Vielfaches verbessert werden. Dabei ist es relativ egal, welches Konzept verfolgt wird. Beide Konzepte erzielen starke, positive ökologische Veränderung und tragen somit zur Verbesserung der Gewässergüte von VI auf II (im Oberlauf) bei. Bei der Wahl des Konzeptes ist jedoch abzuwägen, ob der finanzielle dem ökologischen Mehrgewinn in etwa gleichermaßen gegenüber steht (FRÜH ET AL. 2013; HAMPICKE 2003). Aus diesem Grund ergeht die Empfehlung, als Renaturierungskonzept die Minimalmaßnahme zu wählen. Diese kann im Rahmen der Freiwillen Arbeit (etwa durch den Junggesellenverein Oedelsheim e.V.) durch aus kostenfrei erfolgen. Letztendlich ist es jedoch egal, welche Maßnahme gewählt bzw. wie viel Zeit und Geld in die Renaturierung investiert wird, wichtig ist nur, dass der Bach naturnah renaturiert wird. Denn nur so kann die Gewässerqualität des Baches verbessert werden, wodurch der Bach wieder verstärkt seine natürlichen Ökosystemdienstleitungen bereitstellen wird. Letztendlich profitieren von der Renaturierung nicht nur die aquatische Flora und Fauna, sondern auch die Einwohner, die sich am verbesserten Anblick des Baches erfreuen können.

Zum gegenwärtigen Zeitpunkt gibt es bezüglich des Föhrenbaches von Seitens der Gemeinde Oberweser keine aktuellen Planungen. Eine Renaturierung wäre seitens der Einwohner also denkbar, sofern man diese dazu bewegen kann. Um die Thematik des Föhrenbaches aber publik zu machen, wurde bereits verschiedenen örtlichen Vereinen (u.a. dem Junggesellenverein) Rücksprache gehalten. Einer Teilnahme an einem freiwilligen Renaturierungsprojekt sind diese nach erster Erkenntnis nach, nicht abgeneigt. Es wäre also durchaus denkbar, dass eine Teilrenaturierung des Föhrensbaches von statten gehen kann.

QUELLENVERZEICHNIS

Ache, M. (2013): Die Renaturierung kleiner Fließgewässer. Möglichkeiten der Förderung. LFV Bayern e.V.

Arnold, M.; Schwarzwälder, B.; Zbinden, M.; Beer-Tòth, K.; Baumgart, K. (2009): Mehrwert naturnaher Wasserläufe. Bundesamt für Umwelt. Bern.

Borchardt, D. & Schmidt T. (1997): Leitfaden für das Erkennen ökologisch kritischer Gewässerbelastungen durch Abwassereinleitungen. Hessisches Ministerium für Umwelt, Energie, Jugend, Familie und Gesundheit. Wiesbaden.

Boschl, Ch., Bartiller, R.; Coch, Th. (2003): Die kleinen Fließgewässer. Bedeutung – Gefährdung – Aufwertung. Vdf Verlag. Zürich.

Bräuer, I. (2002): Eine Nutzen-Kosten-Analyse der Biber-Wiedereinbürgerung in Hessen. Universität Göttingen. Göttingen.

Collins, A.; Rosenberger, R.; Fletscher, J. (2005): The economic value of stream restorations. – in: Water ressource research. Vol. 41.

EG-WRRL (2000):
http://www.bmub.bund.de/service/publikationen/downloads/details/artikel/eg-wasserrahmenrichtlinie-nr-200060eg/
(Abgerufen am: 12.11.2014).

Früh, S.; Gattenlöhner, U.; Hammerl, M.; Hartmann, T.; Megerle, H.; Spaich, F. (2013): Ökonomischer Wert von Seen und Feuchtgebieten. Global Nature Fund.

Hampicke, U. (2003): Die monetäre Bewertung von Naturgütern zwischen ökonomicher Theorie und politischer Umsetzung. Ernst-Moritz-Arndt-Universität Greifswald. – in: Agrarwirtschaft 52, Heft 8.

Hanley, N; Wright, R.E., Alvarez-Fabrizio, B. (2006): Estimating the economic value of inprovements. – in: Journal of Environmental Management. Vol. 78.

Hansjürgens, B. & Herkle, S. (2012): Der Nutzen von Ökonomie und Ökosystemleistungen für die Naturschutzpraxis. BfN-Skript 319.

Hillenbrand, T. & Liebert, J. (2001): Kosten-Wirksamkeitsanalyse für Gewässerstrukturmaßnahmen in Hessen. Frauenhofer-istitut für Systemtechnik und Innovationsforschung. Karlsruhe.

HLUG (2004): Eg-Wrrl. Europäische Waserrahmenrichtlinie. Bestandsaufnahme der oberirdischen Gewässer. Hessisches Landesamt für Umwelt und Geologie.

Krämer, I. (2005): Verrohrte Fließgewässer bei der Umsetzung der EU-Wasserrahmenrichtlinie – mögliche Lösungen und deren ökonomische Auswirkungen im Peeneeinzugsgebiet. Universität Greifswald. Greifswald.

Krolo, M.; Schoberer, R.; Seibold, J. (2012): Unterhaltung kleiner Gewässer. Partner, Finanzierung & Praxistipps. Beispiele aus Bayern. Bayrisches Landesamt für Umwelt.

Landschaftspflegeverband Freising (2011): Vorgehensweise und Probleme bei der Renaturierung Gewässer 3.Ordnung im Landkreis Freising.

Lehr, G. (2011): Maßnahmenkatalog zur Renaturierung der Nidda im Stadtgebiet von Karben.

MARGGRAF, R. & STREB, S. (1997): Ökonomische Bewertung der natürlichen Umwelt. Heidleberg.

Mikrozensus 2011:
www.statistik-portal.de/statistik-portal/de_jb01_jahrtab4.asp
(Abgerufen am: 19.03.2015)

NABU (2014): Fließgewässerrenaturierung. Erfahrungen der Gruppe Hessisch Oldendorf .

Oberweser (2014): www.oberweser.de/orte/oedelsheim
(Abgerufen am: 12.11.2014).

Otto, A. (1996): Renaturiwrung als Teil der ökologischen Fließgewässerrenaturierung. Kasseler Wasserbau-Mitteilungen. Vol. 6. S. 25-34.

Rasper, M. (2001): Morpholohische Fließgewässertypen in Niedersachsen. Leitbilder und Referenzgewässer. Niedersächsisches Landesamt für Ökologie. Hildesheim

Rowinski, V.; Menzel, J.P.; Siedlinski, M. (2006): Machbarkeitsstudie zur Umsetzung des Renaturierungskonzeptes des Panzower Bach. Staatliches Amt für Umwelt und Natur. Rostock.

Schlaf, G. & Schlaf-Mehrlein, Chr. (2000): Chroniken von Oedelsheim.

Schmitz, K. (2008): Die Bewertung von Multifuktionalität der Landschaft mit diskreten Choice-Experimenten. Frankfurt am Main.

WHG (2009): http://www.gesetze-im-internet.de/whg_2009/
(Abgerufen am: 12.11.2014).

ERMITTLUNG DER GEWÄSSERTRUKTURGÜTE

Kartierungsdatum: 08.11.2014
Kartierungsabschnitte: 50 – 100 m
Ort: Föhrenbach / Oedelsheim
Kartiert nach: Borchardt, D. & Schmidt T. (1997): Leitfaden für das Erkennen ökologisch kritischer Gewässerbelastungen durch Abwassereinleitungen. Hessisches Ministerium für Umwelt, Energie, Jugend, Familie und Gesundheit. Wiesbaden.

Parameter		Bewertung		Anmerkung
		Oberlauf	Unterlauf	
Gewässerstruktur und Umfeld	Nutzung der Auen	2	5	
	Gewässerrandstreifen	3	5	
	Gewässerverlauf	3	5	
	Uferbewuchs	3	5	
	Uferstruktur	3	5	
	Gewässerquerschnitt	2	5	
	Strömungsbild	4	5	
	Tiefenvarianz	3	5	1 = natürlich
	Gewässersohle	4	5	
	Durchgängigkeit	3	1	2 = naturnah
Wasserqualität	Geruch	2	4	
	Farbe	2	4	3 = wenig naturnah
	Eutrophierungsneigung	3	2	
	Steinunterseiten	3	2	
	Temperatur	3	4	4 = naturfern
	pH-Wert	4	3	
	Leitfähigkeit	4	3	
	Sauerstoff	4	3	5 = schlecht
	NH_4-N	5	3	
	Nitrit-Sauerstoff	4	4	
	NO_2-N	4	3	
	PO_4-P	4	3	
	BSB_5	4	3	
Biologische Wassergüte	Wirbellose Tiere	4	4	
Durchschnittlicher Wert		3	4	

Auf dem Weihnachtsmarkt in Oedelsheim wurden am 6.12.2014 48 Personen bezüglich ihrer Zahlungsbereitschaft im Zusammenhang mit der Wassergüteverbesserung des Föhrenbaches befragt. Grundsätzlich kann von Anfang an davon ausgegangen werden, dass die Zahlungsbereitschaft der Oedelsheimer dem Föhrenbach gegenüber eher gering ist, da Sie den Bachlauf in keiner Weise nutzen bzw. auf ihn angewiesen sind.

1) Wertermittlung Verbesserung GGK VI → GGK II/III:
Es wurden die vorherrschenden chemischen und auch morphologischen Eigenschaften des Föhrenbaches auszugsweise genannt. Es wurde darauf hingewiesen, dass der Bach aufgrund dieser Charakteristika eine GGK von VI besitzt, gesetzlich aber eine GGK von mind. II anzustreben ist. Nach dem Mitteilen dieser Informationen wurde die folgende Frage gestellt:
Wie viel ist es Ihnen jährlich wert, dass der Föhrenbach seine GGK von VI auf II/III verbessert, und sich dadurch Zeigerorganismen wie z.B. Wasserassel und Laichkraut ansiedeln? (Angabe in € für den gesamten Bach)

2) Wertermittlung Verbesserung GGK VI → GGK II:
Nach der Fragestellung 1) wurde nun die Frage 2) gestellt:
Wie viel ist es Ihnen jährlich wert, dass der Föhrenbach seine GGK von VI auf II verbessert, und sich dadurch Zeigerorganismen wie z.B. Quellschnecke und Rauhe Armleuchteralge ansiedeln? (Angabe in € für den gesamten Bach)
Außerdem wurden den Probanden die weiteren positiven Veränderungen bezüglich der Veränderung von GGK II/III zu GGK II genannt.

Ergebnis:
1) n = 48; Als Mittelwert wurde 3,34 €/a/Bach ermittelt
    → 3,34 €/a/Bach x 1037 EW = 3463,58 €/a/Bach

2) 2) n = 48; Als Mittelwert wurde 5,26 €/a/Bach ermittelt
    → 5,26 €/a/Bach x 1037 EW = 5454,62 €/a/Bach

BEI GRIN MACHT SICH IHR WISSEN BEZAHLT

- Wir veröffentlichen Ihre Hausarbeit,
  Bachelor- und Masterarbeit

- Ihr eigenes eBook und Buch -
  weltweit in allen wichtigen Shops

- Verdienen Sie an jedem Verkauf

Jetzt bei www.GRIN.com hochladen
und kostenlos publizieren